¡Conocimiento a tope!

Ingeniería en todas partes

¿Qué hace un ingeniero?

Robin Johnson

Traducción de Pablo de la Vega

CRABTREE
PUBLISHING COMPANY
WWW.CRABTREEBOOKS.COM

Objetivos específicos de aprendizaje:
Los lectores:

- Describirán y entenderán que los ingenieros son personas que diseñan cosas para resolver problemas y cubrir necesidades.
- Identificarán algunas tecnologías que hacen la vida más fácil, segura y divertida.
- Harán preguntas sobre las ideas principales del texto y sobre cómo funcionan las soluciones de ingeniería, y darán las respuestas.

Palabras de uso frecuente (primer grado)	Vocabulario académico
como, de, el, es, hacer(n), la, que, son, un, usan	diseño, pensamiento creativo, proteger, solución, solucionar, tecnologías

Estímulos antes, durante y después de la lectura:

Activa los conocimientos previos y haz predicciones:
Pide a los niños que lean el título y miren las imágenes de la tapa y la portada. Pregunta:

- ¿De qué piensan que tratará el libro?
- ¿Qué es un ingeniero? ¿En qué tipos de lugares trabajan los ingenieros?

Durante la lectura:
Después de leer las páginas 16 y 17, pide a los niños que hagan preguntas y den respuestas sobre el texto y las imágenes. Pregunta:

- ¿Qué significa permanecer seguro o estar protegido?
- Miren la imagen de la página 16. ¿Qué tecnologías protegen al niño? ¿Cómo lo protegen?
- Miren la imagen en la página 17. ¿Cómo nos mantienen seguros los chalecos salvavidas?

Después de la lectura:
Invita a los niños a encontrar un artículo en su casa que resuelva un problema o cubra una necesidad. Pide a cada niño que traiga el artículo y lo presente oralmente a sus compañeros. Los niños deberán explicar si el artículo hace la vida más fácil, más segura o más divertida. Deberán identificar el problema que resuelven o la necesidad que cubren.

Author: Robin Johnson

Series development: Reagan Miller

Editor: Janine Deschenes

Proofreader: Melissa Boyce

STEAM notes for eEducators: Reagan Miller and Janine Deschenes

Guided reading leveling: Publishing Solutions Group

Cover and interior design: Samara Parent

Photo research: Robin Johnson and Samara Parent

Print coordinator: Katherine Berti

Translation to Spanish: Pablo de la Vega

Edition in Spanish: Base Tres

Photographs:
Alamy: NASA: p. 8
iStock: yasinguneysu: p. 4; IPGGutenbergUKLtd: p. 10; FatCamera: p. 17
Shutterstock: MikeDotta: p. 9
All other photographs by Shutterstock

Printed in the U.S.A./102020/CG20200914

Library and Archives Canada Cataloguing in Publication

Title: ¿Qué hace un ingeniero? / Robin Johnson ; traducción de Pablo de la Vega.
Other titles: What does an engineer do? Spanish
Names: Johnson, Robin (Robin R.), author. | Vega, Pablo de la, translator.
Description: Series statement: ¡Conocimiento a tope! Ingeniería en todas partes | Translation of: What does an engineer do? | Includes index. | Text in Spanish.
Identifiers: Canadiana (print) 20200297813 | Canadiana (ebook) 20200297813 | ISBN 9780778783367 (hardcover) | ISBN 9780778783442 (softcover) | ISBN 9781427126320 (HTML)
Subjects: LCSH: Engineering—Vocational guidance—Juvenile literature. | LCSH: Engineers—Juvenile literature.
Classification: LCC TA157 .J64518 2021 | DDC j620.0023—dc23Subjects: LCSH: Engineering—Juvenile literature. | LCSH: Engineering—Methodology—Juvenile literature. | LCSH: Problem solving—Juvenile literature. | LCSH: Creative thinking—Juvenile literature.
Classification: LCC TA149 .J6418 2021 | DDC j620—dc23

Library of Congress Cataloging-in-Publication Data

Names: Johnson, Robin (Robin R.), author. | Vega, Pablo de la, translator.
Title: ¿Qué hace un ingeniero? / traducción de Pablo de la Vega ; Robin Johnson.
Other titles: What does an engineer do? Spanish
Description: New York, NY : Crabtree Publishing Company, [2021] | Series: ¡Conocimiento a tope! Ingeniería en todas partes | Translation of: What does an engineer do?
Identifiers: LCCN 2020033091 (print) | LCCN 2020033092 (ebook) | ISBN 9780778783367 (hardcover) | ISBN 9780778783442 (paperback) | ISBN 9781427126320 (ebook)
Subjects: LCSH: Engineering--Vocational guidance--Juvenile literature.
Classification: LCC TA157 .J56618 2021 (print) | LCC TA157 (ebook) | DDC 620.0023--dc23 ISBN 9780778783435 (paperback) | ISBN 9781427126313 (ebook)
Subjects: LCSH: Mechanical engineering--Juvenile literature.
Classification: LCC TJ147 .J63518 2021 (print) | LCC TJ147 (ebook) | DDC 621--dc23

Índice

Crabtree Publishing Company
www.crabtreebooks.com 1-800-387-7650

In Canada: We acknowledge the financial support of the Government of Canada through the Canada Book Fund for our publishing activities.

Published in Canada
Crabtree Publishing
616 Welland Ave.
St. Catharines, Ontario
L2M 5V6

Published in the United States
Crabtree Publishing
347 Fifth Ave
Suite 1402-145
New York, NY 10016

Published in the United Kingdom
Crabtree Publishing
Maritime House
Basin Road North, Hove
BN41 1WR

Published in Australia
Crabtree Publishing
Unit 3 – 5 Currumbin Court
Capalaba
QLD 4157

Solucionando problemas

¿Sabías que los niños pueden ser solucionadores de problemas? **Solucionas** problemas todos los días. Cuando solucionas un problema, ¡estás pensando como **ingeniero**!

La mochila de Julián era muy pesada para llevar a la escuela. Solucionó el problema poniéndole unas ruedas. Ahora, es más fácil de llevar.

La ropa de Katie no cabe en su clóset. ¿Cómo puede solucionar el problema?

El cono de helado de Emma se cayó al suelo. ¡Se pregunta si hay una manera de asegurarse de que su helado no vuelva a caerse! ¿Puedes ayudarla a solucionar el problema?

Encontrando soluciones

Los ingenieros son personas que diseñan cosas para solucionar problemas. Diseñar es hacer un plan de cómo hacer algo.

Los ingenieros usan las matemáticas, la ciencia y el **pensamiento creativo** para encontrar soluciones.

Las cosas que diseñan los ingenieros son llamadas tecnologías. Una tecnología es algo que soluciona un problema.

Un succionador y un vaso son tecnologías que nos ayudan a beber agua más fácilmente.

Una perilla es una tecnología que nos ayuda a abrir una puerta.

Diferentes tipos

Hay muchos tipos diferentes de ingenieros. Solucionan distintos tipos de problemas.

Algunos ingenieros solucionan problemas en el espacio. Podrían diseñar trajes espaciales. ¡Los trajes espaciales ayudan a los humanos a hacer trabajos en el espacio!

Estos ingenieros están diseñando un túnel. El túnel permitirá que un tren viaje bajo tierra. Un túnel es una solución cuando un tren no puede **viajar** sobre la superficie.

En movimiento

Algunas personas no pueden caminar por sí solas. Los ingenieros diseñan tecnologías para ayudarlas a moverse de un lugar a otro.

Un ingeniero podría diseñar muletas para ayudar a la gente a caminar.

Un ingeniero podría diseñar una silla de ruedas para ayudar a la gente a moverse de un lugar a otro.

Máquinas poderosas

Algunos trabajos son difíciles para la gente. Los ingenieros diseñan máquinas para solucionar ese problema. Las máquinas son cosas con muchas partes. Hacen más fácil el trabajo.

Un ingeniero podría diseñar un **robot** que ayude a construir cosas.

Un ingeniero podría diseñar una
máquina que haga trabajos de granja.

Divirtiéndose

Los ingenieros diseñan tecnologías que hacen más divertida la vida. Diseñan juguetes y juegos. Hacen más seguros otros juguetes y juegos.

Un ingeniero podría diseñar un videojuego que nos permita jugar con muchos amigos al mismo tiempo.

Los ingenieros diseñan atracciones para los parques de diversiones. Hacen que las atracciones sean más seguras agregando cinturones de seguridad.

cinturón de seguridad

¡Un ingeniero podría diseñar un juguete que vuele!

Primero la seguridad

¡Los ingenieros nos mantienen seguros! Diseñan tecnologías que nos **protegen** cuando nos movemos, trabajamos y jugamos.

Los ingenieros diseñan tecnologías que nos mantienen seguros cuando jugamos deportes.

Un ingeniero podría diseñar chalecos salvavidas que nos mantengan seguros cerca del agua.

Tecnología que nos ponemos

Algunos ingenieros diseñan tecnologías que la gente se pone. Pueden hacer la vida más fácil y segura.

Los ingenieros diseñan aparatos **auditivos**. Ayudan a la gente a escuchar más fácilmente.

Un ingeniero podría diseñar unos guantes que mantengan las manos calientes en climas muy fríos.

casco

Un ingeniero podría diseñar un casco que mantenga a la gente segura en el trabajo.

Trabajando en equipo

Los ingenieros trabajan en equipo para encontrar soluciones. Piensan en soluciones nuevas. Mejoran las tecnologías. Mejorar algo significa hacerlo mejor.

Los ingenieros comparten lo que saben y aprenden de otros ingenieros.

¡Tú puedes trabajar en equipo para solucionar problemas y pensar como un ingeniero!

Estos ingenieros trabajan en equipo para mejorar el diseño de un avión.

Palabras nuevas

auditivos: adjetivo. Relacionados con la capacidad de oír.

ingeniero: sustantivo. Una persona que usa la ciencia, las matemáticas y el pensamiento creativo para solucionar problemas.

pensamiento creativo: sustantivo. Uso de la mente para inventar ideas nuevas y originales.

protegen: verbo. Que evitan que seamos heridos.

robot: sustantivo. Una máquina que puede hacer algún trabajo.

solucionas: verbo. Encuentras una respuesta o solución.

viajar: verbo. Ir de un lugar a otro.

Un sustantivo es una persona, lugar o cosa.

Un verbo es una palabra que describe una acción que hace alguien o algo.

Un adjetivo es una palabra que te dice cómo es alguien o algo.

Índice analítico

Sobre la autora

Robin Johnson es una autora y editora independiente que ha escrito más de 80 libros para niños. Cuando no está trabajando, construye castillos en el aire junto a su marido, quien es ingeniero, y sus dos creaciones favoritas: sus hijos Jeremy y Drew.

Para explorar y aprender más, ingresa el código de abajo en el sitio de Crabtree Plus.

www.crabtreeplus.com/fullsteamahead

Tu código es:
fsa20

(página en inglés)

Notas de STEAM para educadores

¡Conocimiento a tope! es una serie de alfabetización que ayuda a los lectores a desarrollar su vocabulario, fluidez y comprensión al tiempo que aprenden ideas importantes sobre las materias de STEAM. *¿Qué hace un ingeniero?* repite ideas y categorías para ayudar a los lectores a responder preguntas sobre los ingenieros y las soluciones que diseñan. La actividad STEAM de abajo ayuda a los lectores a expandir las ideas del libro para el desarrollo de habilidades de ingeniería y tecnología.

Mi solución de aprendizaje

Los niños lograrán:

- Usar el proceso de diseño de ingeniería para diseñar una solución que haga más fácil, seguro o divertido el aprendizaje.
- Mostrar su solución usando tecnología.

Materiales

- Hoja de planeación de modelos y pruebas.
- Hoja de trabajo del proceso de diseño de ingeniería.
- Materiales para el proyecto, como cajas, papel, cartón, pegamento, cinta adhesiva, palitos de manualidades, rollos de papel, cartulinas y materiales de arte.
- Papel rotafolio y marcadores.
- El libro *Cómo resuelven problemas los ingenieros* (opcional).
- Cámara digital e impresora de fotografías.

Guía de estímulos

Después de leer *¿Qué hace un ingeniero?*, pregunta:

- ¿Qué hace un ingeniero?
- ¿Puedes pensar en un ejemplo de una solución que haga la vida más fácil? ¿Más segura? ¿Más divertida?

Actividades de estímulo

¡Explica a los niños que cualquiera puede pensar como un ingeniero! Repasa el proceso de diseño de ingeniería. Lee el libro *Cómo resuelven problemas los ingenieros* (opcional). Crea un cartel didáctico que delinee los pasos del proceso.

Di a los niños que trabajarán juntos en grupos para crear una solución en el aula. Su solución debe poder ser usada por niños de su edad. Necesitan hacer del aprendizaje algo más seguro, fácil o divertido.

Habla con cada grupo para escuchar su plan. Asegúrate de que hayan identificado si su solución de aprendizaje hace la vida más sencilla, segura o divertida. Cuando la solución tenga sentido, pide a los niños que usen la hoja de trabajo del proceso de diseño de ingeniería y la hoja de planeación de modelos y pruebas, para que planeen y prueben su solución.

Cuando cada grupo tenga una solución final, usarán una cámara digital para tomar fotografías de su solución en acción, mostrando cómo funciona. Luego, los niños deberán exponer las fotografías en una cartulina. Organiza un «Día de exposición» en el que cada niño muestre sus soluciones y cartulinas.

Extensiones

Haz que los niños pongan a prueba las soluciones de aprendizaje durante un determinado período de tiempo y completen por escrito una actividad de reflexión acerca de su funcionamiento.

Para ver y descargar las hojas de trabajo, visita **www.crabtreebooks.com/resources/printables** o **www.crabtreeplus.com/fullsteamahead** (páginas en inglés) e ingresa el código **fsa20**.